LES

GRANDES ASCENSIONS MARITIMES

409-82 — IMPRIMERIE D. BARDIN ET Ce, A SAINT-GERMAIN.

Le Saladin, ballon du War-Office d'Angleterre, manœuvré par une équipe de soldats du génie, à Woolwich.

WILFRID DE FONVIELLE

LES GRANDES

ASCENSIONS

MARITIMES

LA TRAVERSÉE DE LA MANCHE

AVEC 4 BELLES GRAVURES

PARIS
AUGUSTE GHIO, ÉDITEUR
PALAIS-ROYAL, 1, 3, 5, 7, GALERIE D'ORLÉANS

1882

Commencée depuis longtemps à la suite de la catastrophe du malheureux Powell, cette étude a été terminée sous l'impression des sentiments d'admiration réelle, que nous avons éprouvée en apprenant le beau succès obtenu dans les airs par le colonel Burnaby, commandant le régiment des gardes bleues de la reine d'Angleterre. Elles lui sont envoyées, en souvenir de l'ascension à laquelle nous avons participé ensemble, lorsque le peuple anglais célébra au Palais de Cristal de Londres le sauvetage miraculeux de M. et de Mme Duruof, arrachés aux flots de la mer du Nord par le courage de deux matelots anglais.

Ce qui touchera les aéronautes dans cette expédition ce n'est pas la traversée de la Manche, déjà accomplie, que la manière remarquable avec laquelle toutes les manœuvres ont été exécutées afin de concourir à l'accomplissement d'un but nettement défini. Que ce but soit de s'approcher d'une ville, de déterminer la nature ou la vitesse d'une couche d'air, la configuration d'un astre, ou de porter au dehors d'une ville assiégée les ordres du gouvernement, l'aéronaute a mille moyens de se distinguer également, pourvu que ses facultés aient été concentrées vers l'accomplissement d'un problème nettement posé connu à l'avance et qu'il ait obtenu la sanction du succès. Car nous nous sommes trop habitués, en France, depuis nos malheurs, à rendre hommage au courage malheureux. Un aéronaute, comme un homme de guerre, n'est accompli que lorsqu'il obtient la sanction de la victoire. A ce double point de vue le colonel Burnaby doit être considéré comme un modèle accompli. Puisse son exemple, pour emprunter une expression à un grand orateur qui dans les airs comme à terre fut un grand citoyen, inaugurer dans la région des nuages la politique des résultats.

L'ascension du colonel Burnaby vient couronner admirablement l'édifice des expériences récentes dont nous préparions le récit et qui toutes ont eu leur dernier acte d'une façon plus ou moins intime dans les flots de cette belle mer avec laquelle les aéronautes finiront par se familiariser, et qui, quoique semblant séparer les deux plus grandes nations de la vieille Europe, est peut-être ce qui les rapproche le plus.

Heureuse la reine qui a de si intrépides gardes du corps et de si vaillants ingénieurs militaires !

Heureux les soldats dont les chefs occupent leurs loisirs à de tels passe-temps et qui apportant dans les airs toute l'énergie de leur race, auront peut-être l'honneur d'être les véritables fondateurs du sport aérien.

Aujourd'hui, la vieille aristocratie anglaise semble vouloir conquérir le spectre des airs, espérons que notre jeune démocratie saura le leur disputer fraternellement, noblement. en exécutant d'autres expériences peut-être dans des régions différentes, peut-être dans les mêmes zones, mais en tout cas avec une sagesse égale, une fortune pareille et un semblable sang-froid.

LA

DERNIÈRE ASCENSION DU SALADIN

La grande aventure de M. et Mme Duruof paraît avoir familiarisé jusqu'à un certain point les aéronautes avec le contact des flots. En effet, depuis cette époque relativement récente, leurs promenades maritimes se sont prodigieusement répétées. Toutes n'ont point eu d'issue funeste comme il est inutile de le rappeler au lecteur qui a eu la complaisance de suivre les récits que nous en avons faits, mais depuis on doit reconnaître que l'aspect des ascensions maritimes s'assombrit singulièrement. Le nombre des accidents se multiplie dans une proportion si grande, qu'il devient évident que l'étude des descentes en mer est un des grands problèmes dont les aéronautes et même les gouvernements amis du progrès doivent se préoccuper dorénavant.

Dans l'espace d'environ une année trois ascensions émouvantes dans la Méditerranée. Le ballon de l'aéronaute Brest qui était parti de Marseille fut trouvé dans une baie de la Corse où il était parvenu après avoir semé en route l'imprudent qui le montait. Le corps d'Armantières qui avait fait une ascension à Montpellier fut découvert au large, enfin l'aéronaute Jovis et deux compagnons n'échappèrent à la mort qu'après avoir traîné pendant sept heures sur les flots. Les malheureux étaient inévitablement perdus si un caboteur italien n'était venu les arracher à la mort affreuse qui les attendait.

Mais aucune de ces aventures dramatiques n'a excité le même degré d'attention que celle du *Saladin*, non seulement à cause du but de l'entreprise et de la position sociale du voyageur aérien qui avait disparu, mais en raison des circonstances réellement extraordinaires dont elle a été précédée, accompagnée et suivie.

L'aérostat le *Saladin* fait partie de la flotte aérienne de l'arsenal de Woolwich où il a été construit pour servir aux expériences du Comité des Ballons. Son enveloppe est en bon calicot verni avec le plus grand soin. Il se compose de trente-deux secteurs peints alternativement en vert et en orange et porte son nom peint en grandes lettres noires à la partie équatoriale.

Depuis trois ans qu'il a été lancé, il a eu des aventures qui prouvent que ceux qui le manœuvrent n'ont peut-être pas le degré d'expérience que l'on pourrait leur souhaiter.

On le destina d'abord à exécuter des ascensions captives, et on le fixa à la queue d'une prolonge pour le transporter dans l'endroit où les manœuvres devaient être exécutées.

On l'avait attaché à l'aide d'un câble dont la longueur était trop grande. Il résulta de cet oubli des lois élémentaires de la mécanique un effet singulier qui prouve que les ballons peuvent, comme les projectiles ordinaires, acquérir une force vive, irrésistible. Poussé par un coup de vent d'une force extraordinaire, le *Saladin* arriva à l'extrémité de son câble avec une impétuosité telle que ce lien se rompit. Ainsi affranchi, l'aérostat s'élança avec rapidité dans la direction des nuages où il disparut et pendant quelques secondes on put croire qu'il était irrévocablement perdu.

Mais l'étoffe avait été fortement attachée du côté de l'appendice, de sorte que le gaz dont le volume augmentait progressivement ne put se dégager. La pression qu'il exerçait sur l'enveloppe à mesure que le *Saladin* s'élevait augmentant, cette dernière se rompit à l'endroit où la résistance était la moins grande.

Tous les aéronautes qui liront ces lignes seront surpris d'apprendre que cette rupture se produisit dans le voisinage de la soupape qui se détacha comme si on l'avait enlevée avec un couteau.

Le *Saladin* tombant heureusement dans la Tamise, put être repêché et réparé.

Quelques mois plus tard le Comité des Ballons sentit le besoin d'étudier la manière dont les aérostats peuvent se comporter à la mer[1]. Ce fut le *Saladin* que l'on choisit pour ces épreuves si importantes. On l'attacha donc à un remorqueur à l'aide d'un long câble. L'opération paraît avoir marché d'une façon satisfaisante, mais le capitaine Elsdale qui avait pris place dans la nacelle ayant voulu revenir à bord ne put y parvenir en se servant de l'amarre employée au touage. Il fut obligé de jeter son guide-rope et de se laisser glisser d'une hauteur de trente mètres dans une petite barque qui s'y était accrochée.

Comme nous l'avons rappelé dans *l'Électricité*, le bureau météorologique d'Angleterre a décidé de faire exécuter une série d'ascensions destinées à étudier les phénomènes atmosphériques, ainsi que M. Glaisher l'a fait il y a une vingtaine d'années.

Il s'adressa au Comité des Ballons qui mit à sa disposition le *Saladin* et permit au capitaine Templer, un de ses officiers, de prendre part à ces expéditions[2]. Le

1. Ce fut, si nous sommes bien renseigné, quelque temps après l'accident arrivé au ballon de M. Duruof, qui avait été suivi en mer par un steamer, et qui s'était déchiré pendant qu'on essayait de le remorquer à Cherbourg dont la rade avait servi à ces intéressantes opérations.

2. L'enveloppe du *Saladin* pèse 370 livres anglaises, son filet 150 livres, la nacelle 80 livres, l'ancre 66 livres, le grappin 19 livres. Avec

capitaine Templer, d'un régiment de volontaires, a fait un très grand nombre d'ascensions quelquefois pour le compte de l'Etat, d'autres fois pour son compte personnel ou pour de simples particuliers.

L'ascension que nous allons raconter a eu lieu dans la ville de Bath le 10 décembre à une heure cinquante-cinq minutes de l'après-midi. Deux passagers avaient pris place dans la nacelle, M. Powell, membre du Parlement pour Malmesbury, et M. Gardner, fils d'un ancien membre du Parlement pour Chelthenham.

Avant de continuer notre récit, il est indispensable de donner quelques détails sur le personnage dont le sort excite en ce moment un si légitime intérêt.

M. Walter Powell est né à East-Court (comté de Wilts) dans le courant de l'année 1842. Son père qui était magistrat et député lieutenant du comté de Monmouth, lui a laissé une grande fortune, et il occupe une position sociale des plus élevées. En effet, après avoir fait ses études à l'école de Rugby, il fut nommé magistrat du comté de Wilts et, depuis l'année 1868, il siège au Parlement pour le bourg de Malmesbury qu'il représente encore en ce moment.

Il y a plusieurs années déjà que M. Powell a commencé à s'occuper de navigation aérienne par ballons.

Il fit ses débuts dans les airs avec M. Coxwell, le vétéran aéronaute qui rend un hommage public à son courage et à son sang-froid et qui raconte, dans une lettre adressée à tous les journaux de Londres, qu'il fit avec lui une des plus longues ascensions qui aient été exécutées en Grande Bretagne. Cette course remarquable qui dura neuf heures et demie se termina dans le voisinage de Lands End, le cap Finistère de nos voisins.

M. Powell avait fait construire pour son usage personnel un ballon dont l'étoffe et le filet étaient également

trois passagers, il porte ordinairement 800 livres de lest. Son diamètre est de 30 pieds. La hauteur totale, depuis le bas de la nacelle, d'environ 60 pieds.

ment en soie, et dont la nacelle était combinée de manière à flotter d'une façon continue à la surface de la mer s'il y était emporté malgré lui. Il fit avec cet aérostat plusieurs ascensions pendant lesquelles il eut deux fois l'occasion de traverser le détroit de Bristol, bras de mer dont la largeur est comparable à celle de la Seine devant le Havre, et il faillit faire une première fois connaissance avec l'Océan.

En effet son ballon s'arrêta sur les dunes du Somerset, et pour en devenir maîtres, les paysans qui l'avaient arrêté furent obligés d'y faire de grands trous avec leurs couteaux.

M. Walter Powell ne bornait pas son ambition à traverser la Manche, il songeait encore à dépasser Blanchard et Green, en allant de l'autre côté de l'Atlantique. Il voulait aussi renouveler les exploits de Glaisher et sonder les hautes profondeurs de l'air. M. Coxwell raconte qu'il fut plus d'une fois obligé de tempérer ces ardeurs difficiles à réprimer chez un homme dans la force de l'âge et dont les splendeurs de l'infini ont captivé l'intelligence et séduit la raison.

La dernière ascension que M. Powell avait faite, avait été exécutée avec le *Saladin*, et M. Frédéric Miles, habile artiste anglais. Les deux voyageurs étaient partis de Bath mais dans de déplorables conditions d'équilibrage.

Le ballon s'était accroché à un arbre voisin du gazomètre et s'y était fait deux trous dont l'un n'avait pas moins de trente-deux pouces anglais de longueur.

Le voyage n'avait duré que cinq minutes pendant lesquelles les deux touristes aériens avaient fait plus de trois kilomètres. Le vent était si violent que le traînage avait pris deux ou trois fois plus de temps que l'ascension, quoique les aéronautes eussent jeté tout ce qu'ils avaient dans la nacelle y compris la bouée de sauvetage dont ils étaient pourvus cette fois.

L'ascension du 10 décembre avait pour but de déterminer la température de l'air et de mesurer la hauteur à laquelle finissaient les nuages de neige qui flottaient alors dans l'atmosphère. Ils ne s'étendaient qu'à une élévationde 1,200 pieds, ce qui est une altitude relativement assez faible.

Dans l'intérieur de cette nuée il est aisé de comprendre que la température devait être inférieure à zéro. Elle était,en effet,de 2 1/2 centigrades au-dessous de la glace fondante. Mais ce qui est remarquable c'est que la température du thermomètre à boule humide était sensiblement moindre et tombée à 4 centigrades.

Ce fait prouve que la cristallisation avait produit une condensation assez parfaite de la vapeur ambiante.

A 2 h. 50 c'est-à-dire 55 minutes après leur départ, les voyageurs purent apercevoir la terre à travers une éclaircie, ils étaient à une hauteur de 1,300 mètres et se trouvaient au-dessus de Wells.

Le ciel devenant clair la température monta par suite de l'action des rayons solaires et le thermomètre s'éleva à 5 1/2 11° centigrades au-dessus de zéro. La terre continuait à se montrer et les voyageurs aériens reconnurent au-dessous d'eux la ville de Glastonbury, puis Somerston et Longport entre lesquels le ballon se trouva suspendu. La trajectoire du Saladin était orientée vers le Sud 1/2 E. Alors M. Powell jeta la quantité de lest suffisante pour que l'aérostat montât à la hauteur de 1,800 mètres afin de mesurer la température d'une bande de nuages allongés ayant la forme que prennent généralement les cirrus, et à laquelle les météorologistes qui restent à terre prétendent reconnaître la présence de neige. La température était à peu près celle de la glace fondante, ce qui pouvait faire croire que l'eau avait presque entièrement repris sa forme liquide.

Un coup de soupape ramena le *Saladin* à l'altitude de 650 mètres où régnait le courant N 1/2 W dont l'existence avait été déjà constatée.

L'approche de l'Océan rendait ce mouvement nécessaire.

Mais juste au moment où l'on entendait pour la première fois le murmure caractéristique des vagues, qui, lorsque la mer est grosse, se répand à plusieurs lieues de distance dans l'intérieur des terres, le ballon se mit à s'élever rapidement jusqu'à la hauteur de 1,200 mètres par une cause que les voyageurs aériens ne prirent pas la peine de déterminer, ce qui pouvait du reste offrir plus d'un genre de difficultés. En effet, quelquefois le ballon s'élève parce qu'il obéit à un courant ascendant, produit par un effet mécanique. D'autres fois il peut passer sur une partie du sol fortement électrisée. Le plus souvent c'est un rayon de soleil qui pompe soudainement une certaine quantité d'eau dont le filet et l'enveloppe sont imprégnés ou bien qui échauffe le gaz et augmente son pouvoir ascendant.

M. Powell ouvrit de nouveau la soupape pour faire descendre le ballon à 30 mètres de terre afin d'être prêt à jeter l'ancre du moment que la mer apparaîtrait. Cette manœuvre toujours difficile fut exécutée avec un succès remarquable jusqu'à un village nommé Simonsbury. En cet endroit, le ballon était si rapproché de terre, qu'il devint possible d'engager la conversation avec les passants; le capitaine Templer demanda donc à un paysan à quelle distance l'aérostat se trouvait de Bridport.

« Environ un mille, » répondit cet homme.

« Alors, dit le capitaine en s'adressant à M. Powell, il faut nous préparer à atterrir rapidement, car notre vitesse s'accélère et je crois qu'elle est de cinquante kilomètres par heure. »

Malheureusement au moment où les aéronautes se préparaient à faire le branle-bas de la descente, le petit village de Neape se présenta à travers leur trajectoire, leur barrant la route comme le petit village d'Havant avait bloqué la nôtre treize mois plus tôt, dans l'ascension que nous raconterons plus bas.

Craignant, comme l'équipage du *ballon n° 1 de l'académie d'aérostation météorologique*, de faire sa descente dans les maisons, le capitaine dit à M. Powell de jeter du lest et le ballon bondit à une altitude de 4 à 500 mètres, qui mit pour la première fois les voyageurs aériens en présence de l'Océan.

Alors se passa une scène dont M. Powell a peut-être pour toujours emporté le secret dans la tombe, et que le capitaine Templer raconte de la façon suivante.

« J'ouvris la soupape, dit cet officier, et nous touchâmes le sol à cent cinquante mètres de la falaise. Le ballon se mit à traîner et je roulai hors de la nacelle tenant encore la corde de la soupape dans ma main. Ma chute fit remonter le ballon à une hauteur d'environ huit pieds, lorsque M. Gardner tomba et malheureusement se cassa la jambe. Je m'aperçus que la corde de la soupape glissait dans mes mains (à cause du surcroît de force ascensionnelle que la chute de M. Gardner avait produite). Alors j'appelai M. Powell qui était debout dans la nacelle et je lui dis de tirer la corde de soupape, c'est ce qu'il fit. Mais quelques secondes après la corde m'échappa et le ballon s'éleva avec rapidité.

« M. Powell agita sa main vers moi (sans doute pour m'indiquer qu'il n'était point effrayé de se voir lancer en plein Océan).

« Je me hâtai de prendre l'azimut du *Saladin* et je constatai qu'il disparaissait dans la direction S. 1/4 E. »

Le vent avait remonté du côté de l'ouest depuis le départ de Bath.

Quand cet accident arriva il était quatre heures, c'est-à-dire quelques minutes avant le coucher du soleil.

On vit le ballon monter rapidement à une grande altitude, puis quelques instants après on crut le voir retomber rapidement.

Mais tout s'effaça dans les dernières lueurs du jour mourant.

Il resta sur la terre ferme deux aéronautes dont l'un,

grièvement blessé, ne tarda pas à être secouru par les paysans.

Le capitaine Templer ne perdit pas une minute pour organiser une recherche qui, malheureusement, jusqu'au moment où nous écrivons ces lignes a encore donné bien peu de fruits. Il se rendit en toute hâte à Bridport, d'où il télégraphia au commandant des ingénieurs de faire chauffer un steamer. Lorsqu'il arriva à Weymouth, le *Commodore* était sous pression.

On se dirigea immédiatement à l'endroit de l'Océan où l'on croyait avoir vu disparaître le ballon, mais sans avoir pu recueillir la moindre épave.

Le *Commodore* resta à croiser dans la Manche jusqu'à ce que l'on fût arrivé en vue des phares français des Casquets. Alors on retourna à Bridport, où l'on arriva dimanche, à cinq heures du matin, sans être plus avancé que lorsqu'on en était parti.

Nous ne nous arrêterons point à décrire les croisières expédiées dans les différentes directions, les télégrammes expédiés partout pour offrir une récompense à ceux qui donneraient une indication utile sur la route suivie par le ballon, à ceux qui le rapporteraient, qui découvriraient le cadavre de M. Walter Powell, ou lui prêteraient assistance pour se sauver.

En effet, la multiplicité et l'énergie de ces honorables efforts ne font que mettre plus complètement en relief l'impuissance de l'homme lorsqu'il cherche à disputer une proie à l'immensité.

Cependant, c'est cet infini redoutable que le génie humain doit apprendre à dompter, et c'est avec l'Océan que les aéronautes doivent apprendre à se mesurer actuellement.

Sans chercher à deviner le sort de M. Walter Powell, ce qui est actuellement au-dessus des forces de la science humaine, on peut dire que la principale cause de sa perte est la fatalité qui l'a privé de ses deux compagnons.

En effet, subitement délesté d'un poids si prodigieux, le *Saladin* a dû bondir dans l'espace avec une vitesse inouïe. Il est impossible qu'il n'ait point dépassé la couche d'équilibre et qu'il ne soit pas tombé avec une force considérable à la surface des flots, et peut-être privé de la force ascensionnelle nécessaire pour soutenir la nacelle hors du contact des flots.

Au commencement d'une longue nuit de décembre, le malheureux Powell s'est sans doute trouvé aux prises avec un traînage échevelé, que Duruof, malgré ses muscles d'acier et sa grande habitude de l'air, ne pouvait point supporter pendant longtemps, et qui l'aurait obligé à lâcher prise s'il avait duré quelques instants de plus.

Toutes les probabilités sont pour que M. Walter Powell, à bout de forces, épuisé par la fatigue, le froid et l'eau de mer, ait promptement lâché prise et que, perdant le gaz par mille ouvertures, le ballon n'ait pas tardé à disparaître dans les profondeurs océaniques, d'où il ne reparaîtra plus.

Hélas! l'on souhaiterait presque d'apprendre que M. Walter Powell a été suffoqué par le gaz qui sortait à torrents du ballon et qu'il a été suffoqué comme les deux aéronautes du *Zénith*.

Au lieu de retomber sur le sol qui brise et écrase, il avait rencontré les vagues qui enfouissent les corps dans un tombeau discret.

Il n'est point impossible que, par un miracle d'adresse et d'héroïsme dont est capable un aéronaute lorsqu'il est doublé d'un gentleman anglais, M. Walter Powell soit parvenu à se maintenir en l'air quelques heures et à la rigueur pendant la journée de dimanche, 11 décembre. Mais, dans ce cas, la nuit de dimanche à lundi a dû être la dernière qu'il ait passée sur cette terre, à moins qu'il n'ait été miraculeusement recueilli par quelque navire de haute mer.

Tous les objets que l'on voit actuellement dans les

airs n'existent que dans l'imagination des spectateurs ou sont autre chose que le *Saladin*. Pendant longtemps l'imagination excitée des habitants des côtes donnera des proportions gigantesques aux moindres ballons du Louvre qu'un enfant laissera échapper.

C'est ainsi que les passagers d'un bateau à vapeur qui naviguait au large de Montrose ont publié un récit revêtu de leurs signatures et tendant à faire croire qu'ils avaient vu passer le *Saladin*. Quelques-uns même pensaient avoir reconnu Walter Powell les regardant du haut de sa nacelle !

Mais il fut prouvé que le prétendu *Saladin* n'était qu'une montgolfière portant une éponge imbibée d'alcool, et qu'un habitant d'Édimbourg avait lancée dans l'air pour amuser ses enfants.

Le ballon que des pêcheurs de Bilbao ont aperçu au large dans la matinée du 16 et qui a été vu, paraît-il, par un douanier, est peut-être un des globes remplis de gaz hydrogène qu'un fabricant de ballons d'enfants s'amuse à lancer tous les jours, et dont quelques-uns sont rencontrés à des distances immenses.

La *Ville de Paris* raconte dans un de ses derniers numéros qu'une de ces sphères en caoutchouc, remplie de gaz hydrogène et dont le volume ne dépasse pas celui des ballons du Louvre, a été trouvé le lendemain du jour où il était lancé ; il a été décroché par un grand seigneur allemand au milieu d'une partie de chasse dans une forêt de Westphalie.

On n'a pas oublié non plus l'histoire du ballon du Sacre, qui fut retrouvé près de Rome accroché au tombeau de Néron.

Il n'est pas d'objet bizarre flottant à la surface des océans qui ne soit exposé à être pris pour les débris du *Saladin*;

Un pêcheur d'Isigny, revenant au port, apprit à ses compagnons qu'il avait rencontré quelque chose qui s'était pris dans ses filets et dont il s'était empressé de se débarrasser, afin de rapporter au plus vite sa cargaison de poissons.

Comme on lui apprit qu'il y avait une récompense de 2,500 francs à gagner, cet homme reprit la mer pour voir ce qu'il avait rencontré. Quel ne fut pas son désappointement quand il aperçut une carcasse de baleine qui flottait depuis quelque temps dans l'Atlantique.

Il n'est pas jusqu'aux mystificateurs de la presse qui ne tarderont point à s'emparer de cette tragédie, et fabriquer de toutes pièces des nouvelles extraordinaires comme celles qui nous annonçaient, six ans après le siège de Paris, la découverte d'un de nos malheureux aéronautes du siège, qui avait pris terre dans les solitudes de l'Afrique australe après la plus merveilleuse des traversées.

Tous les contes, toutes les alertes, toutes les légendes auxquels le *Saladin* donnera naissance sont autant d'hommages rendus à l'aéronaute anglais.

Nous ne cacherons point que, malgré les détails donnés par le témoin de la catastrophe, il reste à établir dans quelles circonstances a eu lieu la disparition du ballon.

Comme l'ont fait remarquer plusieurs orateurs dans la discussion qui a eu lieu devant l'académie d'aérostation météorologique et la société de navigation aérienne, il est bien étonnant qu'un aéronaute un peu expérimenté sorte involontairement de la nacelle.

Je ne connais pas pour ma part d'autre exemple d'un cas pareil, cependant je me suis trouvé dans des nacelles qui ont été complètement renversés. En second lieu il est tout à fait impossible de comprendre la nature du choc qui a déraciné le second voyageur ; car si le rebondissement avait été violent, M. le capitaine Templer aurait immédiatement lâché la corde. La conversation qu'il rapporte, et dont la probabilité n'est point certainement très grande, n'aurait pu avoir lieu.

Dans tous les cas, circonstance remarquable, il n'est point question du rôle qu'aurait joué l'ancre.

Souvent elle ne mord pas. Mais à moins d'avoir complètement perdu la tête, surtout dans de semblables circonstances, on ne manque jamais de la lancer!

Cette omission est importante et l'attention du public compétent se trouvant maintenant attirée sur ce point il ne tardera certainement pas à être élucidé.

Mais il ne suffit pas d'examiner le rôle des deux compagnons de M. Walter Powell, il faut surtout faire en sorte que son dramatique et émouvant martyre soit utile à la grande cause qu'il a embrassée avec un enthousiasme si juvénile.

Les aéronautes, qui se voient dorénavant condamnés à braver l'Océan contre lequel il a eu à lutter, ne sont point réduits aux moyens d'action qu'il avait à sa disposition.

Non seulement ils ont la nacelle insubmersible et les bouées de sauvetage qu'il avait laissées dans son château, et qu'on devrait toujours emporter dans une île dont les dimensions sont après tout fort restreintes, mais un des plus illustres aéronautes anglais, le célèbre Green, a inventé un agrès spécial dont la manœuvre est susceptible certainement de grands perfectionnements, et qui sous sa forme actuelle a déjà rendu d'immenses services aux navigateurs aériens.

Nous voulons parler du cône ancre que l'on attache au bout d'une corde et qu'on laisse traîner derrière le ballon quand on veut diminuer la rapidité de ses mouvements.

Trouve-t-on que la mer est trop dure, que les secousses sont trop violentes, on relève le cône et on le vide à l'aide d'un cordage supplémentaire.

L'étude de cette manœuvre est certainement un des plus pressants besoins de l'art aérien dans la période actuelle. Il faut donc espérer que le gouvernement anglais qui s'est préoccupé du sort de M. Powell et du *Saladin* ne s'arrêtera pas en si bon chemin.

N'est-il pas permis de faire remarquer que ce sont les tentatives faites pour retrouver les traces du capitaine Franklin, qui ont donné aux études polaires une activité dont elles se ressentent encore aujourd'hui ?

N'étant pas marié, M. Powell ne laisse pas derrière lui une noble veuve, qui avait fait vœu de retrouver son mari mort ou vif, et qui a tenu son serment avec une ténacité dont l'histoire de l'antiquité ne nous offre point un seul exemple peut-être.

Mais sa famille, ses amis, ses admirateurs ne l'abandonneront point. Même s'il ne reparaît pas, la catastrophe du *Saladin* sera le point de départ d'une ère nouvelle dans l'histoire du développement des ballons.

Ce sera une noble consolation de la perte et une assurance d'un éclatant triomphe si par un bonheur inespéré il reparaît.

En tout cas, nous formons les vœux les plus sincères pour que le nouveau gouvernement de la République française comprenne comme il paraît le faire le devoir que lui trace ce grand événement aéronautique, et que repoussant les plans peu pratiques et puérils des rêveurs ou des faiseurs de systèmes, il donne aux chercheurs les moyens de mener à bon terme des recherches éminemment pratiques dont le résultat immédiat sera d'agrandir le domaine de l'art aérien. En effet l'ascension maritime dont nous allons raconter les détails, nous prouve qu'avec un peu de bonheur et de sangroid les aéronautes peuvent aisément braver les fureurs de l'Océan.

pitaine Templer.

ndres.

ant signe
pler qu'il
omme le
et qu'il

Le «SALADIN» arraché par un excès de force ascensionnelle aux mains du capitaine Templer.

Scène dessinée d'après des documents originaux et publiée par le « **GRAPHIC** » de Londres.

a. Le capitaine Gartner ayant la jambe cassée. Il est encore à l'endroit où il s'est précipité de la nacelle.

b. Le capitaine Templer tirant la corde de soupape et essayant d'arrêter le *Saladin*.

c. Paysan arrivant au secours des aéronautes.

d. M. Powell faisant signe au capitaine Templer qu'il ne peut sauter comme le capitaine Gartner et qu'il espère se sauver.

DU PALAIS DE CRISTAL

A LA BAIE DE BEDMONTON

Il est probable qu'aucun de mes concitoyens n'a jamais joui d'une façon aussi complète que moi de l'hospitalité de la nation anglaise. Non seulement quand j'ai été jeté sur ses libres rivages, par le coup d'État du 2 décembre, j'ai trouvé un asile dans ses magnifiques cités, mais à une période plus récente j'ai parcouru le labyrinthe interminable de ses houillères, et à la fin de 1880, j'ai eu l'honneur de faire flotter le pavillon français dans ses poétiques nuages. Là, les circonstances dans lesquelles le ballon à bord duquel je me trouvais a pris terre, sont si semblables à celles qui ont précédé la perte du *Saladin* que je ne peux m'empêcher de revenir avec quelques détails sur ce sujet. Je me suis donc décidé à reproduire avec quelques additions le récit que j'ai publié en anglais dans le *Graphic* de Londres. Je m'acquitterai avec d'autant plus de soin de ce véritable devoir, que les quelques dangers courus dans cette circonstance n'ont point été inutiles au progrès scientifique, et que j'ai eu la bonne fortune de faire des observations importantes, permettant de montrer aux physiciens la route qu'ils devaient suivre pour trouver une explication des phénomènes qui venaient d'être découverts par l'illustre inventeur du *Photophone* et peut-être pour en tirer parti à une époque prochaine afin de trouver un nouveau mode de télégraphie électrique.

Il est bon d'insister sur cette circonstance parce que les *savants qui restent à terre* se gardent bien de rendre justice aux ballons, de peur qu'ils ne soient obligés de s'y aventurer eux-mêmes à leur tour, si l'on finit par reconnaître qu'ils sont indispensables à l'étude des grands phénomènes de la nature, et qu'il est impossible de deviner quelques parties de la grande énigme sans suivre les voies inaugurées par le glorieux Pilâtre.

La jalousie naturelle aux esprits peu élevés se trouve dans ce cas corroborée et ravivée par une crainte puérile.

***

La Société des ballons de Londres avait organisé, pendant le mois de septembre, deux concours de distance entre des ballons partant du parc Alexandra. Le vainqueur devait être l'aéronaute réussissant à conduire son aérostat le plus loin possible du point de départ.

L'intérêt excité par ces expériences avait été si vif, que cette société avait accepté le défi que l'Académie d'aérostation météorologique lui avait porté.

Il avait été décidé que le concours aurait lieu entre un ballon français manœuvré par des membres de notre Académie aérostatique et un ballon anglais conduit par des personnes dont la Société anglaise avait le choix.

M. Wright a été désigné par la Société britannique, et M. Perron par la Société française. J'ai pris place dans la nacelle comme chargé des observations, nous avions avec nous M. le capitaine Cheyne de la marine royale d'Angleterre, qui s'occupait alors d'organiser une expédition polaire dans laquelle il avait l'intention d'emporter des aérostats.

Son but, en prenant part à cette expérience, était de s'habituer à la manœuvre des aérostats à laquelle il était étranger, et de se rendre compte de la nature des services que ces appareils pouvaient lui rendre pour l'accomplissement du noble but auquel il avait consacré ses efforts.

L'ascension devait avoir lieu le 20 octobre à la suite d'un banquet offert au Lord-Maire par la compagnie du Palais de Cristal et dans lequel j'avais été appelé à l'honneur de porter un toast à nos hôtes

Par suite d'une de ces bizarreries de la nature dont l'histoire de la météorologie offre tant d'exemples et dont la science ne peut trouver aucune explication sérieuse, il tomba une si grande quantité de neige que le départ dut être remis au lendemain.

Je fis allusion à cette circonstance dans le petit discours que je prononçai, et je promis de renouveler le lendemain dans la région des nuages la santé que je portais à nos hôtes. Je fis remarquer que, dans les circonstances où nous nous trouvions, l'amour-propre national avait été transformé en une émulation salutaire, digne du palais où avait eu lieu la première exposition universelle. Je profitai de la présence de plusieurs membres du conseil municipal de Paris pour leur faire remarquer, qu'il nous serait impossible de rendre à nos amis d'Angleterre la partie aérienne que nous allions jouer ensemble, non seulement parce qu'il n'y a point le Palais de Cristal à Paris, mais parce qu'il n'y a pas de gaz. Je rappelai en effet que le conseil d'administration de la compagnie parisienne avait rendu un ukase en vertu duquel il était défendu à la direction de vendre du gaz aux aéronautes pour faire des ascensions publiques.

Les membres du conseil municipal de Paris en faveur desquels je traduisis en français la fin de mon discours protestèrent tout d'une voix qu'un pareil état de choses serait changé ; cependant, malgré leur bonne volonté, aucune solution n'est intervenue, et les ballons doivent être considérés comme bannis par une société commerciale, de la patrie des ballons et de celle des principaux aéronautes !! d'une ville à laquelle, il y a onze ans, les ballons ont aidé à sauver l'honneur !

Le lendemain, si le temps était assez beau, le vent n'avait point une grande force, mais il y avait encore tant de neige dans les rues que le nombre des spectateurs qui avaient fait le voyage du Palais de Cristal était assez restreint. Il n'y avait peut-être pas mille personnes dans le joli vallon admirablement abrité qui sert aux ascensions dans cet admirable parc où l'art et la nature semblent rivaliser pour servir de digne cadre à un des véritables chefs-d'œuvre de l'architecture moderne.

Le gonflement s'est effectué à trois heures, et nous nous sommes enlevés environ une demi-minute avant le départ du ballon de M. Wright.

Quoiqu'un grand nombre de régions de notre belle France aient défilé devant mes yeux admirateurs, quand je regardais le paysage du haut de la nacelle d'un aérostat, je n'ai jamais eu l'occasion de contempler un paysage aussi merveilleux que celui qui s'est déroulé devant nous, dès que notre nacelle s'est trouvée à la hauteur de la grande tour.

J'avais déjà exécuté, trois ou quatre ans auparavant, une ascension en Angleterre, dans le même endroit en compagnie de Duruof à l'issue de son sauvetage miraculeux de la mer du Nord. Je connaissais déjà les champs et les jardins au-dessus desquels le vent nous portait. Mon œil avait déjà erré sur les bords de cet admirable fleuve, où l'industrie d'un peuple véritablement libre est parvenue à centraliser tout le commerce du monde.

Mais je n'étais point préparé à contempler le spectacle offert par la campagne de Sydenham presque entièrement enveloppée par une parure de neiges, laissant coquettement percer une multitude de points saillants ayant repris leurs teintes normales, mais avec une intensité singulière.

Cette scène merveilleuse était égayée par la variété des teintes des feuilles que l'hiver a déjà dorées, et relevée par les nombreuses taches blanchâtres de neige immaculée, dispersées sur les prairies comme autant de toisons arrachées à des agneaux.

Pendant toute l'excursion qui dura un peu plus de deux heures, nous avons rarement eu l'occasion, non seulement d'apercevoir le soleil, mais encore de discerner la trace que laissent dans l'espace des rayons ressemblant à ceux qui tombent des gloires de nos églises. La partie supérieure du ciel était occupée par d'immenses nuages linéaires s'étendant parallèlement à la direction du vent, qui nous entraînaient par un effet de perspective très facile à comprendre ; ils semblaient venir du point vers lequel nous nous dirigions. On aurait dit qu'ils convergeaient vers un centre mystérieux doué d'un pouvoir secret et qui nous aspirait.

La transparence de la partie inférieure de l'atmosphère était jusqu'à un certain point détruite par un brouillard presque imperceptible, que l'on n'apercevait que quand notre ballon passait au-dessus de quelque fleuve éloigné, dont les rivages et les méandres semblaient couverts par une eau claire cristalline, ou plutôt par quelque immense dôme de verre.

Cette vapeur éthérée était si peu épaisse que M. Perron et moi nous n'avons pu apercevoir qu'une seule fois la couronne des aéronautes au-dessus de nos têtes. Cependant nous avons vu notre ombre s'y projeter à plus de dix reprises différentes.

Encore en ce moment la matière transparente avait peu de densité que l'on pouvait apercevoir à travers les parties les plus lumineuses de ces cercles étincelants tous les détails du paysage : Shelley aurait pu en faire les chevaux de la Reine Mab, le char de la Reine Mab et la Reine Mab elle-même.

Craignant de fatiguer le lecteur, je suis obligé d'omettre un grand nombre d'observations qui n'ont d'intérêt que pour les gens de science, mais je ne peux m'empêcher de mentionner un phénomène que nous avons observé tous trois, M. Perron, le capitaine Cheyne et moi, à deux reprises différentes, la première fois à 4,440 et la seconde à 4,450. Nous avons entendu deux fois, pendant presque une minute entière, une harmonie très douce qui n'avait rien de commun avec une musique produite par un procédé humain et qui me rappelait les sons aériens si admirablement décrits par Shakespeare dans la *Tempête*.

Ce son extraordinaire ressemblait fort à celui que l'on peut produire avec un tuyau d'orgue.

Il était impossible de confondre ce son extraordinaire avec le bruit monotone des vagues que j'ai entendu plusieurs fois à bord d'un ballon et qui était presque nul cette fois. En effet, la mer était excessivement éloignée des falaises desquelles nous nous approchions.

J'ai immédiatement comparé cette mélodie à celle que le soleil couchant produisait, suivant Hérodote, sur la statue de Memnon, et je l'ai expliquée par l'action des rayons solaires échauffant les sables imprégnés d'eau.

Après avoir réfléchi aux causes possibles de ce phénomène, je fus conduit à écrire dans l'*Electricité* qu'il est comparable aux sons que M. Preece, et plus tard M. Mercadier, sont parvenus à produire en coupant méthodiquement un rayon de lumière qui tombe sur une ampoule de verre. Le disque tournant de ces physiciens n'était-il point remplacé par les nuances parallèles qui marchaient avec une grande rapidité, et qui couvraient certaines bandes rectilignes pendant un temps assez régulier pour produire des effets de synchronisme bien notables?

Comme ces explications peuvent paraître extraordinaires à quelques-uns de nos lecteurs, nous prendrons la liberté de les renvoyer pour plus amples renseignements aux articles que nous avons publiés à ce sujet dans l'*Electricité* de la fin de 1880 et du commencement de 1881, et à la note qui est en bas de la présente page[1].

1. Le passage suivant, dû au docteur Raulin, ancien membre de l'Académie des sciences, et imprimé dans le *Bulletin de Ferussac*, prouve que l'on observe des fruits semblables sur les bords de l'Orénoque (Voir le tome XI du *Bulletin universel de Férussac*, page 52).

Au mois de mars 1824, je me trouvais avec M. Rivero, au village de Cariben. sur l'Orenoque. Après avoir parcouru le Meta depuis ses sources jusqu'à l'embouchure, M. Boussingault, qui devait faire le voyage avec nous, avait eté forcé d'y renoncer, ayant été saisi au moment de l'embarquement d'une maladie grave, maladie à laquelle, à notre retour, nous faillîmes tous successivement succomber.

Nous avions achevé nos opérations, déterminé la position des points principaux de la rivière, et nous nous préparions au retour. N'ayant pu trouver dans le village de Cariben les provisions dont nous avions besoin, je résolus d'en aller chercher à Pararama. Cette île qui, pendant toute l'année, est déserte ou visitée seulement par quelques hordes errantes de Guagibos, était alors le lieu de réunion d'une multitude d'Indiens de tribus différentes, qui y venaient de bien loin pour prendre part à la récolte des œufs de tortues.

Les blancs qui se rendent chaque année à cette plage pour trafiquer avec les Indiens indépendants n'étaient pas encore arrivés. Je ne pus donc me procurer autre chose qu'un peu de cassave, de miel et un cruchon d'eau-de-vie pour nos rameurs. J'étais pressé de revenir à Cariben, car, ayant le dessein de remonter le Meta jusqu'à Guanopolo. il fallai profiter des brises périodiques, brises qui etaient alors près de cesser avec la saison sèche; toutefois je ne pus m'empêcher de m'arrêter pour examiner un rocher qui avait fixé mon attention lors de mon premier passage. Ce rocher, connu dans les récits des missionnaires sous le nom de *Castillo*, est situé sur la rive gauche de l'Orénoque. C'est la terminaison d'une chaîne de montagnes granitiques qui, après s'être abaissée graduellement en s'approchant de la rivière, se relève tout à coup et vient se terminer par cette masse dont le pied est battu par les eaux. Vu du bateau, ce rocher m'avait paru formé de courbes parallèles entre elles, une stratification dans les granites était un phénomène trop intéressant pour ne pas l'observer de près.

Je débarquai donc, et d'abord j'aperçus qu'entre les fissures qui semblaient diviser la masse, et qui etaient inclinées de 18 à 20 degrés sur l'horizon, il y avait d'autres lignes sensiblement parallèles aux premières, mais distinctes seulement par leurs couleurs, car, du reste, elles étaient

Quoi qu'il en soit, cette observation m'a confirmé dans l'opinion que les phénomènes du prétendu photophone étaient uniquement produits par l'action de la chaleur et que la lumière n'y intervenait que d'une façon indirecte comme cause d'échauffement.

Tous les phénomènes observés depuis lors semblent concourir à me donner raison. C'est surtout à cette belle ascension que je dois de ne point être tombé dans l'erreur de presque tous les physiciens, erreur si commune peut-être, si naturelle que la plupart n'en sont point encore revenus.

de niveau avec la surface du rocher. Je reconnus que les lignes étaient des espèces de filons de quartz qui tantôt conservaient une même largeur dans toute leur étendue et tantôt offraient çà et là des renflements subits.

En examinant les fissures, je vis qu'aux endroits où elles s'étaient fermées, la roche, au lieu d'être composée de feldspath, de quartz et de mica complètement cristallisés, avait ces trois éléments complètement séparés.

Le plus tendre des éléments, le feldspath, avait moins résisté que l'ensemble des trois, de sorte que c'était son érosion par l'action atmosphérique dans les lieux où il était isolé qui avait donné naissance aux fissures que j'apercevais...

Je désirais emporter quelques échantillons des divers accidents que présentait le granit dans ce bloc ; pour cela, je gravis la pente afin de trouver quelques morceaux saillants que je pusse détacher en frappant. La surface était glissante, et je fus obligé de quitter ma chaussure ; cependant, malgré cette précaution, je faillis tomber, et je ne repris l'équilibre qu'après être arrivé en deux ou trois sauts jusqu'aux bords de la rivière. Dans un de ces bonds, je touchai un mamelon qui, à ma grande surprise, rendit un son plein prolongé, tout à fait analogue à celui qu'on produit en frappant avec les doigts un piano dont le couvercle est levé. J'essayai de reproduire le son. J'y réussis à différentes reprises, mais je ne l'eus jamais aussi fort que la première fois, probablement parce que la percussion fut moins vive...

Je ne doute point que ces bruits ne soient de même nature que ceux qu'on a entendus diverses fois au lever du soleil sur la pierre de Carithana : car ce rocher, voisin du Castillo, est placé dans des circonstances toutes semblables.

La preuve que ces sons se produisent dans les points où il y a des lames exfoliées, c'est que les missionnaires donnent aux pierres sur lesquelles on les entend le nom de *laxos de musica*. Le mot de laxo signifie une pierre plate. Or, il est évident qu'il n'y a que l'exfoliation d'un bloc qui puisse donner des fragments de cette forme allongée et étroite.

Il y a tout lieu de penser que ce démembrement ne s'opère pas d'une manière continue, mais qu'elle a lieu par une suite de craquements. Mais, de toutes les causes qui peuvent déterminer ces bruits, il n'y en a pas de plus puissante que l'inégalité de température entre la lame superficielle et la couche sous-jacente.

Quoi qu'il en soit, je tirai de l'audition de ce bruit étrange qu'il était nécessaire de nous rapprocher de terre, afin d'éviter d'être lancés dans l'Océan dont nous devions être assez voisins.

M. Perron céda à mes représentations et cessa de jeter du lest, ce qui suffit pour que le ballon s'abaissât presque jusqu'au niveau de la cime d'une chaîne de collines qui traversait l'horizon dans une direction perpendiculaire à notre trajectoire et que je soupçonnais d'être le cordon littoral.

Grâce à cette manœuvre, nous n'avons point aperçu les vagues jusqu'au moment où nous avons traversé la chaîne. Alors le spectacle a été aussi soudain que grand

M. Poey, très habile météorologiste, bien connu par des recherches ingénieuses sur les éclairs en boule et sur les nuages, nous a raconté qu'il a entendu trois fois, à l'observatoire de la Havane dont il fut longtemps directeur, une sorte de son musical produit dans l'air par une cause inconnue, et que, peu de temps après, une tempête était venue se déchaîner. Son nègre lui ayant dit qu'il avait entendu un grand bruit dans l'air, M. Poey lui annonça qu'un orage allait se déchaîner, et la prédiction ainsi faite se trouva réalisée.

Un ingénieur des ponts et chaussées espagnol, qui avait habité la Havane vingt ans auparavant (1834), avait recueilli des faits analogues et les avait publiés dans un livre qui avait excité l'incrédulité la plus vive.

Ces sons, au lieu d'être égaux et uniformes, comme ceux que nous avons entendus, allaient en croissant.

Mais, malgré cette différence saillante et dont nous ne chercherons pas à diminuer l'importance, n'y a-t-il pas entre les deux phénomènes une certaine analogie ?

Le lendemain de notre ascension commença une grande tempête qui dura plusieurs jours ; toutefois elle ne se déchaîna que cinq ou six heures au moins après notre descente, de sorte qu'on ne peut supposer que nous ayons entendu l'arrivée du vent régnant déjà dans la haute atmosphère.

La production du son à l'aide d'une pelle à feu reposant sur une masse de plomb, n'est point la seule expérience dont la théorie du photophone doive tenir compte.

Nous trouvons d'autres exemples de sons produits par l'action d'une chaleur intense sur des objets de petite dimension. Voici comment s'exprime M. Pinaud, Ier volume des *Comptes rendus*, page 281 :

Le 26 mai dernier, je travaillai à la lampe d'émailleur pour construire un thermomètre différentiel. Je soufflais une petite boule à l'extrémité d'un tube de verre d'environ trois millimètres de diamètre. La boule était encore très chaude quand j'abandonnai le tube à lui-même ; aussitôt j'entendis un son d'une faible intensité, mais très aigu, qui s'affaiblit graduellement et s'éteignit avec la chaleur de la boule.

et impressionnant. Nous avions devant nous toute la baie de Bedmanton s'étendant de Portsmouth et Porsea-Island jusqu'à Southampton et une partie de Spitehead.

Il était presque impossible de craindre aucun danger en assistant à une scène pareille, et Perron hésitait à ouvrir la soupape, parce qu'il craignait que le ballon anglais, ayant plus de terre devant lui, ne gagnât la joute. Havant nous barrait aussi notre route, et ses maisons pouvaient se changer en écueils si nous prenions terre au vent de ce village.

Quand nous ouvrîmes la soupape, il était trop tard pour toucher terre, et nous continuâmes notre route dans la direction de petites îles basses qui sont marquées sur les cartes de l'Amirauté, et désignées sous le nom de Bedmonton-Ground parce qu'elles dépendent théoriquement de cette paroisse. Mais ces quelques arpents de terre où poussent de maigres buissons n'appartiennent en réalité à personne. La route pour s'y rendre est trop difficile pour que les bergers de la côte s'avisent d'y faire paître leurs troupeaux.

Nous jetâmes le reste de notre lest, et notre descente se ralentit, mais point assez cependant pour empêcher le premier choc d'avoir lieu dans un chenal dont la largeur est de quelques centaines de pieds.

Nous laissâmes également tomber le guide-rope, qui n'avait été que partiellement développé, et le vent nous poussa dans la portion oblique que présente notre gravure, ce qui montrait que notre vitesse avait grandement diminué par le frottement sur les vagues.

Cette expérience est de quelque importance pour les aéronautes; en effet, elle montre que le *guide-rope*, partiellement développé en mer, peut servir aussi bien qu'à terre quand on lui donne tout son développement, et peut-être avec plus d'avantages.

Quand le chenal fut passé, Perron et moi nous ouvrîmes la soupape et nous lançâmes le grappin. Il s'accro-

Le ballon n° 1 de l'Académie d'aérostation météorologique exécute sa descente dans la baie de Bedmonton.

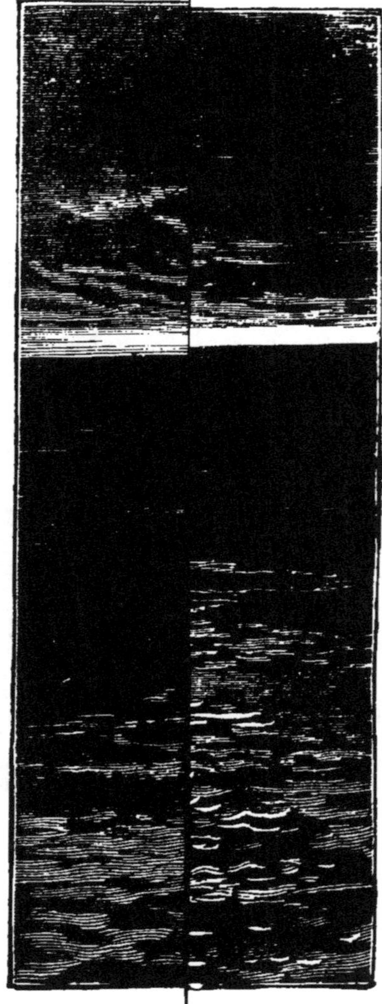

Le baonton.

cha dans les buissons qui couronnent l'île, et le ballon fut étendu sur le sable qui, sous le vent, était encore couvert d'un peu d'eau.

Il était cinq heures dix-neuf minutes, et pendant deux ou trois minutes nous continuâmes à ouvrir la soupape en tirant sur la ligne.

Quand une quantité suffisante de gaz se fut échappée Perron sortit de la nacelle pour détacher les bandes de caoutchouc et nous délibérâmes sur les mesures à adopter pour protéger le ballon contre les effets de la prochaine haute mer.

Le seul parti à prendre était de le porter sur l'île et de le placer au-dessus du point qu'atteignaient les hautes mers, mais nous n'étions point assez forts pour essayer de le faire.

Heureusement nous avions été aperçus par un certain nombre d'ouvriers employés aux réservoirs de la Compagnie d'eau de Bedmonton, qui vinrent un à un à notre aide. A cinq heures quarante minutes, nous en comptions neuf autour de nous.

Nous commençâmes par plier notre ballon conformément aux règles de l'Académie d'aérostation météorologique, et nous le portâmes sur le sommet de l'île.

Ceci fait, le commandant Cheyne nous conseilla de gagner un endroit où nous pourrions trouver des voitures pour nous rendre à Portsmouth, et un bureau télégraphique pour communiquer avec la presse de Londres.

Cette partie du travail était réellement difficile, nous n'atteignîmes la terre qu'après avoir marché dans le sable et dans l'eau jusqu'aux genoux Si nous n'avions pas pris pour guides nos ouvriers, nous n'aurions point été à même de découvrir notre route dans les ténébreux marécages qui nous enveloppaient.

Mais si nous n'avions point rencontré cette aide inattendue, nous serions restés toute la nuit dans l'île en nous chauffant avec des herbes marines ; nous aurions soupé avec le vin et les gâteaux que le capitaine Pim avait eu l'obligeance de nous apporter au Palais de Cristal, et nous aurions attendu que le salut vînt nous chercher.

Nous donnâmes tous ces vivres à nos hommes en reconnaissance de leurs services, et nous bûmes avec eux une rasade à la ronde, à l'imitation de ce que nous avions fait la veille au banquet du lord-maire.

Si nous avions manqué cette île nous pouvions peut-être avoir la chance de descendre plus près de Portsmouth de l'autre côté de la baie, si le vent nous avait poussés au large nous avions encore la chance d'attraper l'île de Wight.

En tout cas, notre résolution était prise de ne pas renouveler inutilement notre tentative de descente. Nous devions laisser pendre nos agrès dans l'eau afin de nous maintenir le plus longtemps possible dans les parages fréquentés par les navires et attacher notre appendice pour empêcher la rentrée de l'air.

Evidemment nous étions fort heureux de ne point être obligés de faire une épreuve après tout si hasardeuse. Nous le fûmes bien davantage quand nous apprîmes que nous avions trouvé notre île dans le voisinage de sables mouvants où nous aurions pu être engloutis et que grâce à la partie maritime de notre trajet, nous n'avions point perdu la partie. Les deux ballons étaient descendus à une distance tellement pareille que les experts nommés par la Société des Ballons de Londres n'avaient point été à même de désigner le vainqueur.

*
* *

Les pages précédentes étaient écrites et même imprimées, lorsque nous avons eu inopinément l'occasion de nous rendre à Londres pour étudier les préparatifs de l'exposition internationale du Palais de Cristal, à laquelle nous nous intéressons vivement en qualité de rédacteur en chef de l'*Electricité*.

Nous avons naturellement cherché à profiter de cette occasion pour éclairer un mystère, dont la solution était si importante pour le progrès d'un art auquel nous avons consacré une grande partie de nos loisirs, depuis une vingtaine d'années.

Nous avons donc profité de notre séjour à Londres pour nous mettre en rapport avec notre ami M. Le Fevre, président de la Société des ballons d'Angleterre, qui avait déjà pris l'initiative d'une sorte d'enquête sur le sort de M. Walter Powell.

La Société des ballons étant en vacances à cause des fêtes de la Noël, M. Le Fevre a bien voulu nous convoquer, à notre demande, un meeting extraordinaire auquel il a convoqué d'urgence les principaux aéronautes anglais.

Nous nous sommes donc réunis sous sa présidence, dans une des salles de Royal aquarium ; en nombre restreint, mais à l'exception de M. Coxwell qui n'avait pu être prévenu à temps, on y trouvait MM. Adams, Barker, Simnons, Wright, etc., en un mot, tous les hommes d'art, dont le nom est populaire de l'autre côté du détroit, et dont quelques-uns sont familiers même aux amateurs français.

Nous avons reconnu de plus le colonel Frédéric Brine, du corps de génie britannique, qui, saisi d'une noble ardeur, s'apprête à traverser la Manche comme Blanchard, Monck, Masson, le duc de Brunswick et Green l'ont fait avant lui.

J'ai commencé par exprimer au nom de la Société à laquelle j'appartiens, et en celui des aéronautes français, qui certainement ne démentiront point la sympathie que j'éprouvais pour le sort d'un homme qui, dans une haute position sociale, avait fait de l'étude des questions aériennes la principale de ses préoccupations.

Je fis remarquer que le temps écoulé, depuis la catastrophe, était trop considérable pour qu'il fût désormais permis d'espérer qu'on retrouverait vivant cet intrépide voyageur aérien, et je demandai à l'assemblée de vouloir bien ouvrir la discussion sur les causes seules du malheur que nous déplorions.

Mes paroles furent accueillies avec une chaleureuse sympathie, que j'ai toujours rencontrée en Angleterre, chaque fois que j'ai fait vibrer les idées généreuses de progrès, et une des discussions les plus animées, les plus intéressantes auxquelles j'ai jamais assisté, commença immédiatement.

Je dois ajouter qu'il ne vint à personne l'idée d'incriminer la conduite du capitaine Templer qui, se trouvant inopinément en présence d'une situation imprévue, a été obligé d'agir sans avoir eu le temps de refléchir, peut-être même sans s'être rendu complètement compte des décisions qu'il avait prises. En effet, les différentes parties d'un drame aérien se succèdent avec une rapidité si terrible, que l'acteur se trouve souvent dans la situation d'un homme qui rêve et qui ne peut distinguer la chimère de la réalité !

C'est même la succession rapide de scènes et des incidents les plus divers qui constitue, dans les circonstances ordinaires, le principal charme des voyages aériens, et qui fait que les esprits un peu bien doués oublient toujours le danger très réel qu'ils courent en les exécutant.

Je dois cependant reconnaître que l'opinion générale fut loin d'être favorable au récit que nous avons rapporté plus haut, et que les doutes que nous avons émis se sont fait jour de plusieurs côtés.

Il était bien naturel qu'il en fût ainsi ; en effet, quoique les personnes qui assistaient à cette délibération aient participé peut-être à plusieurs milliers d'ascensions, il n'a été possible de citer que trois exemples d'un voyageur sorti, malgré lui, de la nacelle à la suite d'un choc produit pendant l'atterrissage.

Un de ces accidents si rares est raconté par M. Tissandier dans *Mes Ascensions*. L'un des passagers de son aérostat, qui montait en ballon pour la première fois, fut renversé par le choc, et heureusement pour lui, tomba sur une pelouse. L'aéronaute Wright fut témoin d'un fait analogue dans la première ascension qu'il exécuta, alors qu'il ignorait presque l'usage des différents agrès. Il ajouta que cette chute inattendue d'un de ses passagers amenant une ascension rapide à laquelle il ne s'attendait point, le jeta dans un embarras que chacun comprendra.

L'aéronaute Barker nous raconta qu'il tomba lui-même de la nacelle, mais ce fut à la fin d'une ascension malheureuse, pendant laquelle il avait été lancé à plusieurs reprises contre des murailles, et reçut tant de coups sur la tête qu'il avait perdu complètement connaissance. Quand il se réveilla, il était étendu sur le sol, et son ballon avait disparu ! ! !

On est donc porté à penser que le capitaine Templer, se trouvant en présence de l'Océan plus rapidement qu'il ne l'avait pensé, essaya une manœuvre difficile qui ne peut réussir que quand on est seul, ou accompagné de gymnastes expérimentés.

Il a voulu, suivant toute probabilité, tenter l'évacuation du ballon. Il se sera donc laissé couler hors de la nacelle qui traînait sur la tranche ,en criant à ses deux passagers de l'imiter, et sans lâcher la corde de la soupape.

Cette manière de sortir de la nacelle est toujours hasardeuse, même quand on est seul, mais il est facile de comprendre qu'elle devient singulièrement épineuse quand la nacelle est occupée par plusieurs passagers qui n'ont point l'expérience suffisante pour s'y prêter de façon qu'elle réussisse.

En effet, il faut alors que tous ceux qui veulent

évacuer le ballon, sautent à terre au même instant physique.

C'est le choc contre la terre qui me paraît susceptible de donner le signal avec une précision suffisante.

Du reste, il y a, en ce moment, un court instant de repos, dont les voyageurs aériens peuvent certainement tirer parti s'ils sont assez alertes.

Il s'écoule toujours une fraction notable de seconde avant que l'aérostat ne reprenne son vol, et pendant cette fraction de seconde, des hommes alertes, exercés, déterminés, pourront presque toujours débarquer en faisant un saut périlleux.

Mais malheur à celui qui resterait en arrière et n'aurait point obéi avec la même promptitude que ses compagnons. En effet, celui-là périrait infailliblement.

Tout bien considéré, j'estime que c'est à un retard de ce genre qu'il faut attribuer la perte du malheureux membre du Parlement.

M. Gardner ayant sauté à peu près au moment où le capitaine Templer lui disait de le faire, est tombé de quelques mètres de hauteur et s'est cassé les jambes. Le dessin que nous donnons et qui a été exécuté d'après nature, fait parfaitement comprendre ce qui a dû se passer.

Le ballon obéit si vite à la loi d'équilibre que le *Saladin* s'est trouvé en un clin d'œil à une hauteur trop considérable pour que M. Powel pût songer un seul instant à suivre l'avis désespéré qui lui était donné.

La situation s'est en outre compliquée par une circonstance malheureuse, qu'il nous reste maintenant à expliquer.

En tombant, en sautant ou en se laissant glisser à terre, le capitaine Templer n'a point quitté la corde de la soupape; c'est probablement à cette prévoyance que M. Gardner doit d'avoir pu sauter.

Mais délesté du poids de ce second passager, *le Saladin* a bondi avec une force telle que la corde de soupape a été arrachée des mains du capitaine *Templer*.

Ce malheur ne serait point évidemment arrivé si la corde, au lieu d'être lisse, avait été garnie de nœuds permettant au brave officier de se cramponner.

Mais il est à supposer que le choc funeste, qui a triomphé de sa force musculaire, a été accompagné de la rupture des ressorts qui sont destinés à assurer la fermeture de la soupape.

Le *Saladin* a donc été, suivant toute probabilité, lancé dans l'espace avec une force considérable, mais en même temps avec une soupape béante par laquelle le gaz disparaissait rapidement.

L'impulsion a été si vive que le ballon a bondi à une hauteur de plusieurs centaines de mètres, mais pour retomber avec la vitesse d'un aérolithe se précipitant à tire-d'aile dans l'Océan, au-dessus duquel le vent l'avait poussé.

Il n'a pu avoir, comme nous le supposions primitivement, aucun traînage maritime. Le malheureux membre du Parlement d'Angleterre n'a point eu le temps de chercher à se soutenir au-dessus des flots.

Il a été englouti, sans coup férir, à la suite d'un choc terrible, dont les traces ont été retrouvées par les dragueurs dans les baies voisines de Bridport.

En effet, on a fini par découvrir un morceau d'une planche qui avait fait partie de la monture d'un des thermomètres du *Saladin*. Cette planche n'avait pu être brisée que par un choc violent produit sur le fond de la mer où la nacelle avait dû pénétrer.

Le malheureux Powell avait été, lui aussi, broyé par cette épouvantable secousse, car sa tête avait porté violemment sur cette planche, où la trace du terrible contact se trouvait encore. A l'un des clous qui la garnissait, on avait découvert plusieurs cheveux identiques à ceux qui lui avaient appartenu.

Quoique le doute ne soit plus désormais possible sur l'issue de la catastrophe, et que le cadavre de Walter

Powell ait dû être mis en lambeaux sur les roches où il a été roulé, son siège au Parlement restera vacant. Sa famille ne pourra entrer en possession de ses biens qui seront administrés par un séquestre judiciaire, le coroner ne pourra ouvrir d'enquête judiciaire sur sa disparition, afin de conserver la mémoire d'un cœur ardent aussi important. La Société des Ballons d'Angleterre a décidé qu'une pyramide serait érigée, à la suite d'une souscription publique, à l'endroit où *le Saladin* a touché terre pour la dernière fois.

Nous nous sommes associés de grand cœur à cette délibération, au nom de la Société que nous représentons.

Mais comment éviter le retour de semblables catastrophes?

La Société des Ballons d'Angleterre a émis deux vœux fort sages qu'il est bon de rapporter, et sur lesquels il ne sera point superflu d'attirer l'attention du gouvernement français.

Le premier, c'est que les ascensions à grande hauteur, dépassant par exemple le niveau de *trois mille mètres*, ne soient jamais exécutées qu'à une grande distance de l'Océan, afin que les aéronautes ne soient jamais exposés à se trouver en présence de la mer à l'issue d'une ascension, du moment où toutes leurs ressources en gaz et en lest se trouvent épuisées.

Le second c'est que, dans tous les cas où il est possible que l'aérostat soit poussé au-dessus de la mer, on le grée avec les engins de sauvetage et les apparaux dont l'efficacité a été reconnue.

Tous les journaux anglais ont reproduit ces vœux, et leur ont donné une publicité fort nécessaire à une époque où l'on se propose d'organiser une expédition aéronautique au pôle nord, entreprise dont l'issue funeste ne saurait être mise en doute sans nouveaux progrès dans l'art de construire ou de manœuvrer les aérostats.

DE CANTERBURY AU MILIEU DE LA MANCHE

L'expédition qui n'était qu'un projet lorsque nous avons été en Angleterre pour nous enquérir du sort du malheureux Powell, a été exécutée le 4 mars dernier par le colonel Brine et M. Simmons, membres de la Société des ballons de la Grande-Bretagne.

Les deux expérimentateurs sont partis de Canterbury, ville qui se trouve à 25 kilomètres au Nord-Ouest de Douvres et à 20 kilomètres au Sud-Ouest de Ramsgate.

L'expérience a été exécutée d'une façon très scientifique par M. Brine et Simmons, qui ont fait preuve d'un grand sang-froid dans des circonstances assez difficiles. Sous un certain sens elles n'ont pas réussi, puisque les deux aéronautes anglais ont été rapatriés par le paquebot le *Foam*, faisant le service de Calais à Douvres, mais elle a parfaitement établi quelques faits intéressants et confirmé d'une façon assez remarquable la justesse des observations que nous avons présentées dans les pages précédentes.

Elle constate le peu de danger des descentes en mer quand le ballon qui sert à les opérer est en bon état et qu'il est manœuvré d'une façon intelligente.

En effet, il était 2 h. 30 min. lorsque M. le colonel Brine et M. Simmons, se voyant entraînés par un courant Sud-Ouest, ont préféré tous les hasards d'une descente en mer à la continuation d'un voyage qui les conduisait infailliblement dans la mer du Nord, à 3 heures 5 min. le *Foam* renversa sa machine pour aller à leur secours et à 3 heures 1/2 le capitaine Jutelet donnait le signal de reprendre la marche vers Douvres où l'on arrivait avant quatre heures.

Comme la nacelle était entourée d'une bouée en liège, ils ont été assez complètement soutenus par leur nacelle et leur ballon pour n'être entrés dans l'eau que jusqu'aux genoux, ce qu'ils auraient même pu probablement éviter s'ils étaient montés dans le cercle.

Le capitaine du *Foam* a suggéré un excellent moyen pour dégonfler en mer: dès que le ballon se trouve à proximité du bord, et que les aéronautes ont quitté leur frêle panier, il est sage de ne plus se servir de a soupape, mais de pratiquer une ou deux saignées dans l'étoffe. Il serait imprudent de conserver longtemps une masse de gaz dans le voisinage d'une cheminée qui lance souvent des étincelles, et cela sans autre avantage que d'éviter quelques déchirures insignifiantes. En général, même à terre, l'on peut reprocher aux aéronautes d'être trop craintifs pour la peau de leur ballon. Ils faut qu'ils se décident à le moins épargner quand c'est sur les champs infinis de l'Océan qu'ils exécutent leur descente. Comme ils ne rencontrent pas de propriétaires avides leur demandant une compensation pour leurs récoltes, ils peuvent bien supporter la légère dépense de quelques reprises, car, dans l'espèce, on ne pourra pas dire qu'elles sont tout à fait perdues.

Le capitaine Jutelet a fait une observation très précieuse pour l'avenir des ascensions maritimes ; quoique la brise tendît à fraîchir et filât peut-être avec une vitesse de huit ou dix nœuds, la nacelle offrait tant de résistance au vent que le ballon ne faisait que deux nœuds, et que la moindre embarcation aurait pu le rejoindre.

Il est bon d'ajouter que même dans les plus grandes profondeurs, la hauteur de l'eau ne dépasse point soixante-dix mètres, de sorte que partout dans ces parages, une ancre accrochée au bout d'un guide-rope a la chance de prendre et d'arrêter le mouvement de translation de l'aérostat. C'est ainsi que le célébre aéronaute Green s'est sauvé dans une ascension scientifique qu'il exécutait en 1850 et dans laquelle il avait été entraîné en pleine mer. L'ancre ayant mordu sur des rochers situés à de grandes profondeurs, il a pu attendre sans danger l'arrivée d'un remorqueur expédié de Ramsgate.

M. Simmons a eu le tort, facile à excuser, de se laisser influencer par les avis du bureau météorologique de Londres, qui ne paraît pas se rendre beaucoup mieux compte des situations atmosphériques que le bureau de Paris, et qui compte beaucoup trop sur l'exactitude de formules que l'on peut dire quotidiennement démenties par l'expérience.

Depuis le milieu de février nous nous trouvions dans une période de changements constants où les brises du Sud ont une tendance constante à prévaloir. Nous n'avions point eu une seule de ces périodes accusées de vent du Nord, sans lesquelles il est peu raisonnable de croire à un succès.

Il faut d'autant plus se préoccuper de choisir une période bien stable que le vent du milieu du Pas de Calais possède une tendance invariable à suivre le détroit, c'est-à-dire à faire filer le ballon, soit dans la direction de la pleine Manche, soit dans celle de la mer du Nord ; c'est une circonstance dont les physiciens qui restent à Londres ou à Paris ne peuvent se rendre compte mais qui nous a été signalée par tous les pilotes que nous avons interrogés quand nous nous sommes enquis des moyens de tenter l'expérience.

Nous apprenons avec plaisir que notre ami, M. Wright, le champion anglais dans la lutte aérienne du Palais de Cristal, a l'intention de tenter de nouveau l'expérience en partant d'Ashford, petite ville située à l'ouest de Canterbury.

Il est probable qu'il cherchera ses courants à une altitude assez grande pour que l'influence de la surface ne puisse s'y faire sentir. Si la fortune le favorise un peu mieux que ses prédécesseurs, il pourra facilement réussir, même dans le cas où quelque invention nouvelle ne viendrait pas faire des ballons, pendant la belle saison, un agréable auxiliaire des bateaux à vapeur.

En tout cas, son expérience ne saurait avoir d'issue funeste s'il montre dans les situations difficiles autant de sang-froid que MM. Brine et Simmons à qui l'Acadé mie d'aérostation nous a confié l'honorable tâche d'écrire une lettre de félicitations.

Semées d'îles et parcourues par des myriades de navires, les mers étroites semblent destinées, par la nature, à servir de champ de manœuvre pour les aéronautes expérimentés. Mais c'est seulement après s'être exercés à les traverser dans tous les sens qu'ils pourront, sans coupable témérité, se lancer sur l'Atlantique et même sur la Méditerranée. Autrement leurs tentatives ne sauraient être trop sévèrement condamnées.

NY

c t
a p
ie o
nma
re
olo
dor
enda
as p

it p
ù
ir d

om
aute
n m
é p
re é
M. H
on,

ferou
serva

Le colonel Burnaby partant de l'usine à gaz de Douvres.

du
l'e
l'o

alt
ne
pe
ré
ve
sa

fu
de
mi
cri

na
na
na
exe
ron
et
ves

DE DOUVRES AU CHATEAU DE MONTIGNY

L'expérience que le colonel Brine a tentée avec tant de sang-froid, vient d'être réussie de la façon la plus complète, la plus heureuse par un autre intrépide officier de l'armée anglaise, le colonel Burnaby, commandant un des régiments de la garde à cheval de la reine d'Angleterre. Ainsi que l'infortuné Powell, le colonel Burnaby appartient au parti conservateur, qui a donné tant de précieuses sympathies pour la France pendant la guerre franco-allemande, ainsi que nous aurons prochainement l'occasion de le raconter.

Lors des dernières élections générales, il s'était présenté comme candidat à Birmingham, ville où les libéraux n'étaient même plus habitués à avoir des concurrents.

Le colonel Burnaby est un homme dont le nom est très populaire de l'autre côté du détroit. Il est auteur d'*Un Voyage à Khiva*, qui lui a valu une réputation méritée dans le monde littéraire, et qui, publié par MM. Peters, Cassel, obtint en peu de temps quatre éditions. Une excellente traduction française, par M. Hephell, a été publiée en 1877 par la maison Plon, de Paris.

Quelques citations de cet intéressant ouvrage feront comprendre le caractère avantageux, l'esprit observateur et la froide détermination de l'auteur, car l'on n'a jamais eu plus raison de dire que le style c'est l'homme, que quand l'homme est non-seulement un écrivain original, mais encore un homme d'action :

« Des bandes de travailleurs, noirs comme l'ébène, nus jusqu'à la ceinture, déchargeaient une cargaison d'ivoire, destinée au Caire. Une énorme lakkee, auquel le mouvement de rotation était imprimé par un bœuf aidé d'un âne, tournait sur son axe. Les cris lentement sauvages d'un nègre chargé de relever ces animaux du péché de paresse, se mêlaient d'une façon étrange aux grincements que produisait la roue pesante et sonore comme le bois qui avait servi à sa construction.

« — Je me demande où nous serons l'année prochaine, à pareille époque, me dit mon compagnon.

« — Dieu le sait, lui répondis-je ; mais quant à moi, je ne me propose pas de refaire jamais une visite au Nil Blanc.

« A ce moment, mes yeux tombèrent sur certain paragraphe du journal anglais que je tenais à la main ; il y était question d'un décret émanant du gouvernement russe, lequel interdisait à tout étranger de pénétrer dans la Russie d'Asie. De plus, ce journal racontait qu'un Anglais ayant récemment entrepris un voyage dans cette direction avait été brutalement expulsé par les autorités.

« Je suis malheureusement affligé depuis ma naissance, au dire même de ma nourrice, d'un esprit de contradiction irrésistible, très-fâcheuse disposition pour mes intérêts privés. La résolution instantanée qui jaillit de mon cerveau, à la lecture de ce paragraphe, en est bien la preuve irrécusable.

« — Eh bien! dis-je, j'essayerai d'y aller.

« — Où cela? reprit mon ami, à Tombouctou peut-être ?

« — Non pas, repris-je, mais bien dans le centre de l'Asie.

« Je lui donnai alors à lire mon journal anglais.

« — Vous n'irez jamais là, s'écria-t-il, on vous arrêtera.

« — On le peut si on le veut; on ne le voudra pas. »

Poursuivi par cette idée, le colonel Burnaby partit de Kartoum, revint à Londres, obtint une lettre de recommandation du comte Schouvaloff pour le général Miloutine, ministre de la guerre; un passeport du général Miloutine arriva à Khiva avant l'invasion russe et revint à Londres où il publia son œuvre, dont le but est de finir par ces paroles empreintes d'un profond patriotisme dans la bouche d'un Anglais.

« Il y avait évidemment derrière le rideau quelque chose qu'il importait de voiler aux yeux de l'Europe.

« Quel était ce système ?

« Était-ce pour éviter qu'il ne revînt quelque chose aux oreilles du tzar, par l'intermédiaire de la presse étrangère, des cruautés exercées par les généraux de l'Asie centrale sur les habitants des provinces conquises? Était-ce pour dissimuler non pas les cruautés, mais la corruption de ses agents? Était-ce enfin pour cacher à l'Europe que les autorités du Turkestan (l'énorme territoire annexé depuis peu à la Russie), au lieu d'élever le moral des habitants de l'Asie centrale à leur niveau, abaissent le leur à celui des populations dépravées et vicieuses de l'Orient?

« Les récits et les renseignements fournis par les quelques voyageurs qui ont réussi à se frayer un chemin dans ces régions presque inconnues n'admettaient aucune de ces hypothèses. Je n'en persistai pas moins à croire que cette dissimulation cachait quelque chose de plus qu'un simple désir d'imposer à l'Europe un acte autoritaire, allégué sans doute par la presse russe pour conserver le droit d'annexion que son gouvernement s'arroge si libéralement.

« Oui, j'étais persuadé qu'il y avait quelque chose de plus encore, et que ce *quelque chose* importait sérieusement aux intérêts de l'Angleterre. Les dernières volontés, ou plutôt les dernières aspirations de Pierre le Grand, sont toujours la règle de conduite de ses successeurs. Il suffit pour s'en convaincre de jeter les yeux sur une carte de la Russie, et de voir ce qu'elle était alors et ce qu'elle est aujourd'hui. Sur la carte du Turkestan, dressée par l'état-major russe en 1875, le géographe s'est bien donné de garde d'indiquer la frontière, afin de montrer que dans son opinion cette ligne n'est pas encore définie. Quand donc les limites de l'empire russe seront-elles atteintes? Où seront-elles fixées? Sera-ce par l'Himalaïa ou par l'océan Indien?

« C'est une question qui ne s'adresse ni à nos petits-enfants, ni à nos enfants; mais à nous-mêmes. »

Amateur passionné de la navigation aérienne, il a pris part à un grand nombre d'ascensions mémorables qu'il a généralement décrites dans les colonnes du *Times*, dont il fut le correspondant à différentes reprises. C'est dans les airs que nous avons eu l'honneur de faire sa connaissance. Il avait pris part comme nous à la grande ascension exécutée au palais de Cristal par l'aéronaute Barker en l'honneur de Duruof, dont le sauvetage venait d'être exécuté.

Nous étions loin de nous douter alors que, huit ans plus tard, notre aimable compagnon aérien viendrait rendre visite à notre chère patrie, et rappeler aux aéronautes français qu'il y a sur leurs côtes une île que leurs ballons n'ont point encore visitée sans l'aide de vaisseaux !

Le colonel Burnaby a eu le bon esprit de ne point faire retentir les journaux des projets qu'il avait formés, ce que font trop souvent des gens n'ayant aucune idée sérieuse de mettre leurs gasconnades aéronautiques à exécution. Mais, sans mettre le public au courant de ses projets, il loua à l'aéronaute Wright son ballon l'*Éclipse*, qui cube environ huit cents mètres, et qui est d'une construction très soignée. C'est dans ce bel aérostat que l'infortuné Powell avait fait une ascension au mois de juillet dernier.

C'est ce ballon dans lequel l'aéronaute Wright avait lutté contre le ballon n° 1 de l'Académie d'aérostation dans l'ascension que nous décrivons plus haut.

Avec quelle joie Wright a dû apprendre le beau succès de son navire aérien; mais avec quel dépit il doit songer qu'il n'y était pas !

Douvres n'est qu'une petite ville dans laquelle il n'y a pas d'usine à gaz suffisamment bien montée pour pouvoir improviser un gonflement. Le branchement que la compagnie pouvait mettre à la disposition du colonel n'ayant que 4 pouces anglais (76 millimètres), il fallait commencer le gonflement de bonne heure. C'est à six heures que l'on étendait le ballon, à sept heures et demie le colonel Burnaby lançait un petit ballon-pilote constatant que le vent poussait dans la direction de Paris.

A peine s'il était besoin d'avoir recours à cet indice, car la direction boréale du vent se manifestait par la présence d'une couche de glace qui couvrait le ballon.

D'après le calcul des distances, il fallait environ une heure pour franchir le détroit et l'atterrissage devait avoir lieu entre Calais et Boulogne, ce qui est une circonstance très favorable, eu égard à la configuration géographique des côtes françaises et à la tendance qu'ont les vents de prendre dans le pas de Calais une direction parallèle à l'axe du détroit,

En effet, il pouvait descendre vers le sud d'un certain nombre de degrés sans que le ballon cessât d'atterrir en France ou en Belgique ; d'autre part, il pouvait monter vers le nord sans que l'*Eclipse* perdît la chance de rencontrer la péninsule du Cotentin ou celle plus lointaine de Bretagne. Toutes ces opérations sont faciles lorsqu'elles sont exécutées par un aéronaute expérimenté, habitué au péril, familier avec toutes les ressources de l'art aérien, et conservant assez de sang-froid pour en tirer parti.

C'est seulement à dix heures dix minutes que le colonel Burnaby put donner ordre à Wright, qui avait dirigé le gonflement et l'équilibrage, de laisser monter le ballon.

S'élevant d'un bond à l'altitude de 800 mètres, l'*Eclipse* prit la direction de la France au moment où le paquebot le *Foam*, commandé par le brave capitaine Jutelet, arrivait et se rangeait au quai de l'Amirauté. En même temps, la malle anglaise se détachait de la digue de pierre où tant de voyageurs français ont, pour la première fois, foulé le sol de la vieille Albion.

Des applaudissements frénétiques vinrent atteindre l'intrépide voyageur à l'altitude déjà notable où il planait.

Malgré les supplications de Wright, le colonel Burnaby avait refusé de le prendre; il s'était décidé à partir seul, et, malgré l'inconvénient évident de se trouver seul pour veiller à tant de choses, l'intrépide colonel a eu raison de préférer du lest à un compagnon. C'est sans doute la même raison qui lui a fait négliger de prendre une bouée de sauvetage et qui l'a décidé à se borner à prendre une couverture de voyage, quelques sandwiches, et quelques bouteilles d'eau de seltz. C'est seulement lorsque l'on a à sa disposition un grand cube, que l'on a le droit de se préoccuper de ce qui arrivera si l'on est obligé de descendre à la mer. Avec un petit cube, l'aéronaute doit, comme le colonel Burnaby, se dire que les vagues ne le mouilleront point.

L'*Éclipse* continua sa route dans la direction primitive pendant quelque temps. Il ne lui fallut qu'une demi-heure pour arriver au milieu de ce détroit si célèbre; mais en ce moment le vent tomba tout d'un coup. Le colonel Burnaby s'aperçut qu'il était au-dessus du banc du Touquet qui se trouve au large de Boulogne. En ce moment on le voyait très bien de terre, et l'on envoya à

Londres un télégramme qui produisit une singulière erreur tant dans les journaux anglais que dans ceux de France. On s'imagina aussi bien à Londres qu'à Paris que le colonel se trouvait au-dessus d'un village de Normandie.

Cette erreur grossière montre combien sont profondes les connaissances géographiques des hommes qui veulent réunir des comités pour diriger scientifiquement les plus périlleuses ascensions. Au lieu d'être sauvé, le colonel se trouvait compromis, car le vent, quoique faible, le faisait dériver dans l'axe du canal. Il ne lui restait que la ressource de demander l'hospitalité à quelque navire rencontré par hasard.

Mais ce n'était pas pour rencontrer en mer un autre capitaine, Jutelet, que le colonel Burnaby avait tenté son expérience, c'était au contraire pour établir un fait physique de la plus haute importance.

Comme tout aéronaute, à la lecture du récit de la tentative de son vaillant collègue, il avait compris que l'expédition avait manqué uniquement parce qu'il ne s'était pas lancé en pleine atmosphère, afin de rejoindre le courant traîtreux qui l'abandonnait. Il jeta donc tout le lest qui encombrait sa nacelle pour aller trouver des cumulus qui planaient au-dessus de sa tête. *L'Éclipse* bondit donc comme une flèche et ne s'arrêta que lorsqu'elle eut dépassé la hauteur du mont Blanc. C'est à cinq mille mètres que l'*Éclipse* s'arrêta; mais le colonel des Bleus avait vaincu. Il naviguait au milieu d'une couche horriblement froide qui le conduisait vers les côtes hospitalières de France qu'il n'avait pas perdues une seule fois pendant toute la durée de sa traversée.

C'est au-dessus du Tréport qu'il les aborda, et comme il descendait de haut et qu'il lui restait peu de lest, il dut s'approcher du sol avec une sage lenteur. Il parcourut ainsi plus de quarante kilomètres avant de jeter son ancre. Six heures sonnaient quand le colonel Burnaby se décida à prendre terre au château de Montigny, à dix-huit kilomètres de Dieppe. L'*Éclipse* avait été aperçue sur la côte et un grand nombre de personnes se trouvèrent réunies sur la pelouse où le colonel Burnaby exécuta sa descente sans aucune difficulté. L'*Éclipse* n'avait pas reçu une égratignure, et, sans avoir besoin d'avoir recours à une couturière, pouvait recommencer immédiatement une ascension.

C'est aux applaudissements d'une foule enthousiaste que le capitaine Burnaby sortit de la nacelle dans laquelle il se trouvait depuis huit heures. En ligne droite il avait fait près de trois cent cinquante kilomètres; mais la moyenne réelle avait été sensiblement plus grande à cause des zigzags qu'avait faits l'aérostat.

Après avoir reçu l'hospitalité au château de Montigny, le colonel Burnaby prit la ligne de Normandie pour se rendre à Dieppe, et de là en Angleterre:

On n'était pas sans inquiétude à Paris sur le sort du colonel Burnaby, car l'on savait que le ballon avait été lancé en pleine Manche, et l'on ignorait si l'*Éclipse* aurait la chance de trouver un courant le ramenant vers les côtes françaises. La recherche des courants aériens favorables, quoique facile à exécuter, quand l'aérostat est en bon état, offre toujours des difficultés quand l'aéronaute est seul et qu'il plane au-dessus d'une surface mobile comme celle de l'Océan.

A Londres l'anxiété fut de moindre durée, le public prenant le Touquet pour un village de France, fut rassuré avant la publication du télégramme adressé à Douvres et du résumé de la séance de la Société des ballons, où M. Le Fèvre donna lecture des nouvelles reçues du Continent.

Nous trouvons dans *l'Impartial* que dirige notre frère Ulric un récit du passage du colonel Burnaby dans cette ville. Nous en extrayons quelques passages intéressants.

« L'intrépide aéronaute a déjeuné vendredi matin à l'hôtel de Londres en compagnie du capitaine Lepaultel, et nous a raconté en détail les émouvantes péripéties de son aventureuse expédition.

« Le colonel est un homme de haute taille, de forte carrure, brun, à l'œil d'une douceur infinie, à l'attitude simple et modeste, à l'abord affable; mais tout en lui respire une nature d'élite, pleine de franchise et de résolution.

« Quand il est arrivé à l'hôtel, personne n'a pu se douter que cet homme, qui avait l'apparence d'un simple touriste, venait de faire ce que personne autre que lui n'a encore fait depuis près d'un demi-siècle, depuis que Green l'a exécuté pour la seconde fois avec le duc de Brunswich.

« On ne s'est aperçu que l'on avait affaire au colonel Burnaby que lorsqu'une petite charrette eut amené, dans la cour de l'hôtel, l'*Éclipse*, soigneusement emballée dans sa légère et souple nacelle d'osier.

« Le colonel nous a raconté, avec une simplicité charmante, l'acte qu'il venait d'accomplir et dont le monde civilisé tout entier s'occupera demain, comme s'il s'agissait d'une simple course de chevaux ou de yachts. Il est prêt à recommencer quand on voudra, car les ballons il les connaît et les aime passionnément, ayant maintes fois déjà fait des ascensions pour son plaisir.

« Il est regrettable que les autorités de notre ville n'aient pas été informées de l'arrivée du colonel aéronaute ; elles se seraient empressées certainement de lui faire la réception officielle qu'il méritait à coup sûr.

« La population dieppoise se fût associée de grand cœur à une manifestation quelconque, organisée en vue d'honorer, dans la personne d'un homme aussi courageux que le colonel Burnaby, la grande nation amie dont tant de membres résident parmi nous.

« Le colonel Burnaby est parti hier au soir pour Newhaven, vers onze heures et demie, sur le steamer

Bordeaux, laissant à quelques-uns de ses admirateurs seulement le plaisir de lui serrer la main.

« — A bientôt! nous a-t-il crié de sa belle voix sonore, du haut de la passerelle.

« Ce diable d'homme évidemment médite déjà une nouvelle excursion aérienne. »

Il ne serait point étonnant, en effet, que le colonel Burnaby ait reconnu l'excellente position de Dieppe, qui semble destinée par la nature à servir de port d'air pour le passage du détroit de France en Angleterre et qu'il n'ait l'idée de venir y tenter dans la belle saison le passage en sens inverse.

Nous ne sommes pas du nombre de ceux qui seraient froissés qu'un étranger vînt nous donner cet exemple. Pourvu que le passage s'accomplisse, nous serons satisfaits.

Comme la science ne connaît point de patrie, nous applaudirons sans arrière-pensée de jalousie au succès d'un brave militaire et nous le féliciterons aussi chaleureusement que s'il portait l'uniforme français.

Loin de nous la pensée de méconnaître, la pensée nationale et humanitaire qui a inspiré le libérateur du territoire, lorsque l'honorable M. de Cissey a créé l'école aéronautique de Meudon; mais nous manquerions à notre devoir d'aéronaute si nous ne faisions remarquer, que l'on attend quelque haut fait aérien de la part de nos ballons militaires, et que le devoir qui incombe aux aéronautes français est plus impérieux encore, s'il est possible, quand ils ont l'honneur de porter l'épaulette.

Nous espérons, qu'en présence de ces faits, le ministre de la guerre permettra à nos vaillants capitaines français d'aller promener dans les airs notre pavillon national.

Nous formons le vœu pour que nos hommes riches et influents viennent en aide aux volontaires de la science aéronautique si intrépides au travail.

Nous formons le vœu sincère que le beau succès du

colonel Burnaby, forme le commencement d'une période nouvelle dans l'histoire des ballons, et que l'on commence enfin à destiner les aéronautes non d'après les naufrages auxquels ils ont échappé par miracle, mais d'après les succès véritables qu'ils ont obtenus. Alors on ne deviendra pas célèbre en se défonçant les côtes dans une chute trop précipitée et en prenant un bain forcé dans l'Océan ou la Méditerranée, mais en réussissant dans des entreprises sagement méditées et soigneusement préparées.

On n'assistera plus à ce scandale, de l'aéronaute Duruof oublié, malgré le service éminent qu'il avait rendu à la patrie, en montrant aux aéronautes du siège comment l'on bravait les balles prussiennes avec un ballon déjà troué, délaissé, malgré l'art avec lequel il avait appris à se servir des courants aériens, et végétant en dépit du sang-froid avec lequel il a arraché aux flots, déjà glacés de la mer du Nord, la femme intrépide qui l'avait suivi dans un bond désespéré.

On ne verra pas les Godard obligés d'aller montrer dans les pays lointains l'art avec lequel ils savent exécuter leurs magnifiques voyages aériens.

Cette grande ascension, exécutée à la veille de l'année 1882, rappellera peut-être à notre aristocratie financière et scientifique qu'il y a l-an prochain à célébrer le centenaire de la première étape de la conquête de l'air, et que nous mériterions d'être relégués à la queue des nations civilisées, si nous négligions cette occasion suprême de rendre hommage à la gloire des Montgolfier !

Elle fera songer aux splendides constructions aériennes de M. Henry Giffard, qui n'a point encore trouvé de rival, quoiqu'on ait tenté de créer des captifs à Bruxelles, à New-York, à Saint-Pétersbourg, à Milan. Aucune des grandes expositions que l'on a voulu créer à l'instar de celle de Paris, n'a pu avoir la seule merveille dont les ministres qui ont récompensé les exposants de 1878, ne se sont point aperçus que Paris ava été pourvu !

Aussi ne craignons-nous pas de dire que dans (triomphe si opportun nous voyons le doigt de la Prov.-dence, de celui qui dirige à la fois le cours des astres et les caprices des vents ; de ce Dieu qui dans le ciel o courent les aréonautes, a écrit sa gloire à l'aide des étoiles et dont l'existence est aussi nécessaire au philosophe que le *Postulatum d'Euclide* est au géomètre, de sorte que les incrédules ne peuvent franchir, sans accepter sa puissance, le pont aux ânes, ni de la morale, ni de la philosophie.

409-82. — Imprimerie D. Bardin et Cᵉ, à Saint-Germain.

www.ingramcontent.com/pod-product-compliance
Ingram Content Group UK Ltd.
Pitfield, Milton Keynes, MK11 3LW, UK
UKHW020954180726
13838UKWH00003B/1329

9 782329 345581